探して発見！観察しよう
生き物たちの冬ごし図鑑
動物
監修／今泉忠明
汐文社

はじめに

冬は生き物たちにとってきびしい季節です。木々は葉や実を落とし、草はかれ、虫や小さな生き物たちは姿を消してしまいます。動物たちの気配も感じられず、山や野原は静まりかえっているように見えます。
そんな中でも、生き物たちはそれぞれのやり方で冬をしのぎ、春をむかえるじゅんびを始めています。
冬眠するものは、どんな巣あなでどんなふうにねむるのでしょうか。冬眠しない生き物たちは、どうやって寒さを乗り切るのでしょうか。
さまざまな生き物たちの、冬を生きのびる姿を紹介します。

目次

この本の使い方

分類：翼手目
分布：日本全国
環境：里山〜森林
体長：5.8〜8.2cm
翼開張：35〜40cm

分類：動物の中で、どのような仲間にふくまれるのかを示しています。
分布：おもにすんでいる地域を示しています。
環境：どのような環境でくらしているのかを表しています。
体長：頭の先から尾のつけ根までの長さ。
全長：頭の先から尾の先までの長さ。
翼開張：翼を広げたときの、翼のはしからはしまでの長さ。

※ 基本的におとなのメスの交尾から始まるライフサイクル（生活環）を示しています。
※ 主に関東周辺の気候を目安としています。地域によって時期にずれがあり、出産などの回数がことなる場合もあります。
※ 動物の体温が大きく下がるもの（中には0度近くになるものもいます）を「冬眠」、クマやアナグマなどのように体温が数度しか下がらないものを「冬ごもり」と呼んで区別することがありますが、本書ではすべて「冬眠」と呼んでいます。
※ カレンダーは4月始まりと3月始まりがあります。

冬ごしする場所 土の中の巣あな

※写真はアメリカクロクマです。

- 分類：食肉目 クマ科
- 分布：ツキノワグマ／本州・四国
  ヒグマ／北海道
- 環境：山地の森林
- 体長：ツキノワグマ／1.2〜1.5m
  ヒグマ／1.7〜2m

木の根元に
あなをほって、冬じゅう
こもっているよ。

巣あなはクマがやっと入れるくらいの大きさで、大きな木の根元やたおれた木の下のあなをほって広げたものや、岩あなを利用します。冬眠中に子どもを産むメスもいます。

ライフサイクルカレンダー

4月	5月	6月	7月	8月	9月	10月	11月	12月	1月	2月	3月
冬眠からさめる			交尾			冬眠	冬眠	冬眠	冬眠	冬眠	冬眠
									出産	出産	

※交尾後、すぐに妊娠せず、子どもが春に活動できるタイミングで赤ちゃんが育ち始める（着床遅延）。

クマのくらし

巣あなから出てきたツキノワグマの子ども。冬眠中に母乳で育ち、体重は2～3kgほどになっている。

ツキノワグマは木の芽やササの葉、木の実などの植物、昆虫を中心に食べる。シカの死体などを食べることもあるが、積極的におそうことは少ない。

木に登ってキノコを食べる若いヒグマ。150種類以上の植物やキノコ、動物などを食べる。

サケをとらえたヒグマ。子グマは1～2歳まで親といっしょに行動し、生まれた次の年の冬は親と同じあなで冬眠する。

冬眠中におしっこやうんちはしないの？

クマは冬眠にむかってだんだん食べなくなり、おなかを空っぽにして冬眠に入ります。冬眠中の腸の出口には「止めふん」とよばれるかたいかたまりがあり、春にめざめると、まず葉っぱを食べ、止めふんを外に出します。おしっこもほとんどしないと思われますが、くわしいことはわかっていません。

シマリス

冬ごしする場所　土にほった巣あなの中

分類：げっ歯目 リス科
分布：北海道と周辺の島
環境：海岸から高山の森林
体長：12～15cm

シマリスの巣あなは2mほどのトンネルと、丸い部屋でできています。入り口はうめて閉じられています。体温は5～7度まで下がり、150～210日ほど冬眠します。

ライフサイクルカレンダー

シマリスの1年

春 1回に3〜7匹子どもを産む。生まれたての子リスは毛がなく、赤はだか。写真は北アメリカのトウブシマリス。

夏 エゾシマリスの子どもの兄弟。夏のあいだは木のうろを巣にすることが多い。親とくらすのは2か月ほど。

落ち葉を運ぶエゾシマリス。冬眠用の巣あなには、食べ物とかれ葉をぎっしりつめる。

秋 ほおぶくろにドングリをためこむエゾシマリス。ほかに草の種やマツの種などもためる。

冬眠の研究で、「長生き」が実現？

シマリスは半年前後ねむっていても体がおとろえず、病気にもかかりません。シマリスの冬眠の研究によると、冬になると特別なタンパク質が脳の中に集まり、冬眠のスイッチを入れることがわかりました。このタンパク質が冬眠中の体を健康にたもつ働きもしていると考えられ、これを研究することで、私たち人間も病気にかかりにくく、おとろえない体を作ることができるかもしれません。

コウモリ

冬ごしする場所　洞くつの中

- 分類：翼手目
- 分布：日本全国
- 環境：里山～森林
- 体長：5.8～8.2cm
- 翼開張：35～40cm

さかさに
ぶら下がったまま、
翼をかさみたいに閉じて、
冬眠するんだ。
ときどき起きて、
水をのむこともあるよ。

キクガシラコウモリは、洞くつや民家の壁のすきまなどをねぐらにし、夕方から明け方にガやカナブンなどの昆虫を食べます。暗い中で超音波を発し、反射音によって昆虫をとらえます。

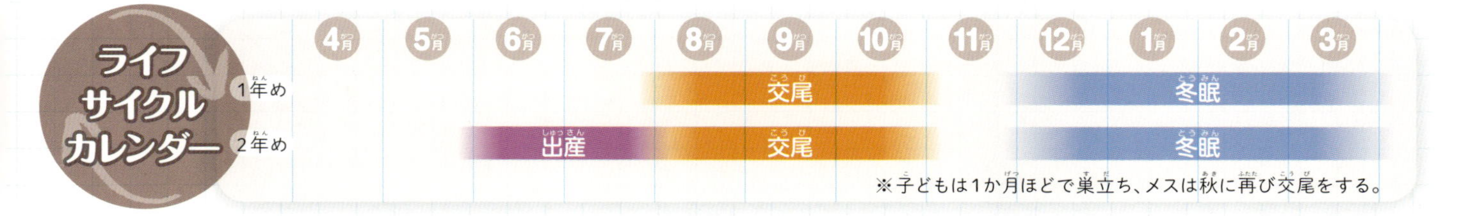

コウモリのくらし

コキクガシラコウモリの集団。大きな集団を作ってくらす。

1回に1頭の子どもを産む。親とは逆向きに、頭をほらあなの天井にむけて母親の体にしがみついている。

コウモリのおっぱいは、わきの下にある。写真は子どもに乳をあたえているウサギコウモリ。

日がしずむころ、町中を飛ぶアブラコウモリ。家や橋などのすきまをねぐらにしてくらし、11～2月にはほとんどねぐらを出ず、冬眠状態になる。

渡りをするコウモリもいるよ！

コウモリの中には、季節に合わせて鳥のように渡る種類がいます。とくに、木のうろを巣にするコウモリの仲間は、秋になるとあたたかい地方へ移動するものが多く見られます。ヒナコウモリは木のうろや岩のわれ目、建物のすきまなどにすんでいますが、青森県から京都府まで移動した記録があります。

ニホンヤマネ

冬ごしする場所 落ち葉やかれた木のあなの中など

- 分類：げっ歯目 ヤマネ科
- 分布：本州・四国・九州
- 環境：山地の森林
- 体長：およそ8cm（尾をふくめると13cm前後）

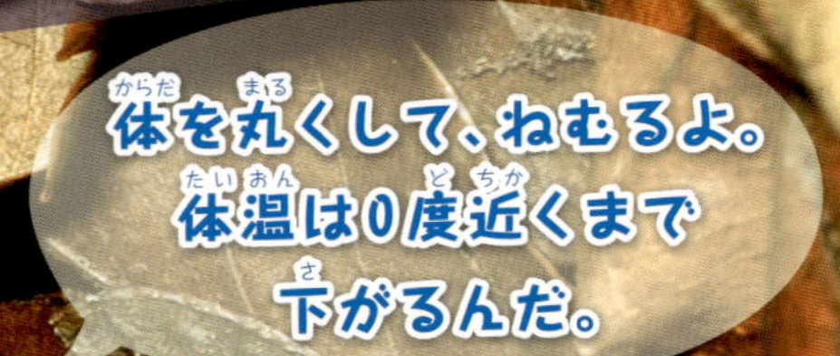

体を丸くして、ねむるよ。
体温は0度近くまで
下がるんだ。

ニホンヤマネは日本だけに生息し、国の天然記念物に指定されています。木の上でくらし、バッタやトンボなどの昆虫や木の実や種などを食べます。冬眠中はなにも食べず、動かしても起きないほどですが、温度が下がりすぎるとゆっくり起き出し、ねぐらを変えることもあります。場所によっては、半年ねむり続けます。

木のうろや木のまたやすきまなどにコケや木の皮を集めて丸い巣を作り、1回に3〜5頭の子どもを産む。

ふだんの体重は15〜20グラムほど。秋にたくさん食べて2倍近い体重になり、これが冬眠中のエネルギーになる。

ライフサイクルカレンダー

4月	5月	6月	7月	8月	9月	10月	11月	12月	1月	2月	3月
交尾	出産			交尾	出産		冬眠				

※繁殖期の回数は地域によってことなり、年1回の場合もある。

ニホンアナグマ

冬ごしする場所 土の中にほった巣あな

- 分類：食肉目 イタチ科
- 分布：本州・四国・九州
- 環境：里山〜低山の森林
- 体長：60〜70cm

冬は巣あなにこもって、
ねたり起きたり
しているよ。

ニホンアナグマは、強い前あしとつめで土の中にふくざつな巣を作り、その中でくらしています。ミミズや昆虫、木の実や果実などいろいろなものを食べます。秋にたくさん食べて、ふだんの2倍前後の体重になり、この栄養で冬を乗り切るのです。

アナグマはいくつも巣あなを持っていて、たびたび引っ越しする。キツネが子育てに使っていたあなを使うこともある。

メスは3〜4月に1〜3頭出産し、その年の冬は子どもといっしょに巣あなで過ごす。

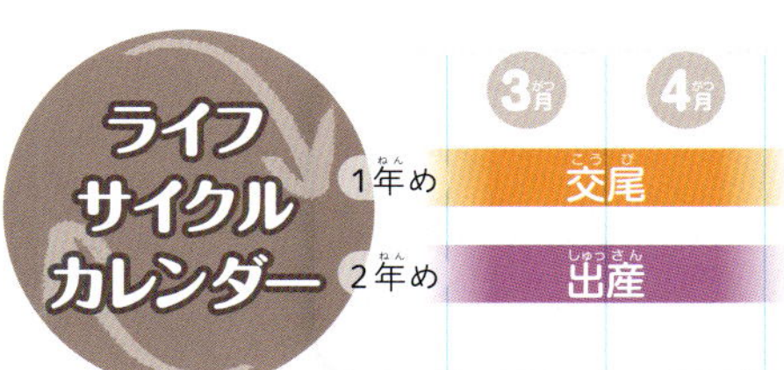

	3月	4月	5月	6月	7月	8月	9月	10月	11月	12月	1月	2月
1年め	交尾										冬眠	
2年め	出産										冬眠	

※交尾後、すぐに妊娠せず、子どもが春に活動できるタイミングで赤ちゃんが育ち始める（着床遅延）。

冬を生きぬく！冬眠しない動物たち

動物の中には、冬眠せずに冬をこすものがたくさんいます。
きびしい寒さの中、食べ物も少なくなる時期を、どのように過ごしているのでしょうか？

雪の下にいるネズミにねらいを定め、
飛びかかるキタキツネ。

キツネ

キツネはネズミや鳥、昆虫などを食べるので、雪の多い地域では冬の食べ物探しがとても大変です。何キロも歩いてえものを探し、雪の下で動くえもののわずかな音を聞きつけると、距離と方向を計算して、ジャンプして真上から飛びかかります。また、冬はキツネの恋の季節でもあります。冬のあいだにつがいを作り、春先に出産します。

求愛するキタキツネ。
春まで同じ巣あなでいっしょに過ごす。

エゾリス、ニホンリス

かわいた落ち葉を集めて巣に運びこむエゾリス。

雪の中から、うめておいたクルミを
ほり出したエゾリス。

エゾシマリスとちがい、エゾリスやニホンリスは、冬も活動します。木の枝分かれしたところに小枝や木の皮で作った丸い巣を作り、落ち葉をたっぷりしきつめ、その中で過ごします。秋にクルミやドングリを地面にうめておき、それをほり出して食べるほか、木の冬芽なども食べて冬をこします。

タヌキ

柿を食べるタヌキ。落ちてきた
カキの実は、何よりのごちそう。

タヌキは秋にたっぷり食べて、ふっくらした体になります。冬眠はしませんが、とても寒い日などには巣あなにこもってあまり動かなくなります。あたたかい日には活動し、ネズミや昆虫、ミミズなどをとります。
高い山にすむカモシカは、首のまわりがふさふさになり、体中にやわらかな下毛が生えます。雪が落ちて土が出た場所の草や、木の皮などを食べて冬にたえます。

ニホンカモシカ

木の皮をかじるニホンカモシカ。
ふだんは食べない針葉樹の葉を
食べることもある。

ヒメネズミ

冬ごしする場所 地面にほった巣あなや木のうろなどに作った巣で、冬眠せずに過ごす

冬でも小さな草や
秋に落ちた小さな実があるから、
冬眠しなくても、だいじょうぶ！

分類：げっ歯目 ネズミ科
分布：北海道～九州
環境：低山～高山の森林
体長：6.5～10cm（尾をふくめると14～21cm）

ヒメネズミは体が小さく、長いしっぽでバランスをとって、木の上でも上手にかけまわり、おもに夜、木の実や昆虫を食べます。

※繁殖期の回数は地域によってことなり、年1回の場合も多い。

ヒメネズミのくらし

1回に数頭の子どもを産む。生まれたばかりの子どもの体重は、わずか1.5gほど。18～22日で巣を出て、3か月で大人になる。

ヒメネズミの天敵は多く、フクロウなど、たくさんの野生動物のえものとなる。

ヒメネズミなどの野ネズミが食べたあとには、ドングリのからや「ぼうし」がたくさん残される。実の中にいる虫も、食べてしまう。

ドングリは大切な食べ物。巣に運ぶほかにも、あちこちにかくし場所を作ってうめておく。

ネズミが森を育てる

ネズミの仲間やリスの仲間は、ドングリやクルミを集めて、たくわえておく習性があります。ヒメネズミやアカネズミは地面に巣あなやかくし場所を作り、その中にドングリをためておきます。かくしたドングリはほかの動物にとられることもあり、ネズミはたびたびかくし場所を移すので、ドングリは拾った場所からはなれ、あちこちへ運ばれていきます。春になると、回収しそこなったドングリが芽を出します。野ネズミは数も多く、ネズミに運ばれるドングリはかなりの数にのぼり、新しい木が生まれ、森を作るのに役立っているのです。

ニホンザル

冬ごしする場所　1年中変わらず、山の森林で過ごす

- 分類：霊長目 オナガザル科
- 分布：本州、四国、九州とその周辺の島
- 環境：低山の森林
- 体長：50〜70cm

寒いときは、
群れのみんなでくっついて、
あたため合うんだ。
「さるだんご」って
よばれているよ。

ニホンザルはつねに群れで移動しながらくらします。雪の中を進むときは、前のサルが通ったあとを一列になって歩きます。

ライフサイクルカレンダー

4月	5月	6月	7月	8月	9月	10月	11月	12月	1月	2月	3月
出産	出産	出産	出産			交尾	交尾	交尾	交尾		

ニホンザルの1年

メスは1回に1頭の子どもを産む。さいしょの1か月、母親は子どもをしっかり胸にだいて育て、3～4か月は母乳をあたえる。

雪におおわれる地域では、冬の食べ物はとても少ない。木の皮をかじりとって、うえをしのぐ。

夏~秋

場所を移動しながら、木の芽や葉、木の実や果実、昆虫などいろいろなものを食べる。キノコも大好物で、秋にたっぷり食べて冬にそなえる。

温泉に入るサル

長野県の地獄谷は、温泉がわき出る山奥の渓谷です。まわりの山にすむ野生のニホンザルを観察する施設があり、そこでえさをあたえています。温泉に投げ入れられたえさを子ザルが温泉に入ってとるようになり、群れの多くが温泉に入るようになりました。このような場所は世界でもめずらしく、世界中から多くの人がおとずれます。温泉に入るのは、ほとんどがメスと子どもだそうです。

冬の毛皮に変身！

日本のように季節のはっきりしたところでは、
多くの野生動物の毛の生え方は夏と冬で変わり、
それぞれ「夏毛」「冬毛」といいます。
どんなふうに変わるのでしょうか？

ふわふわ・みっしり！ニホンザル

夏はさっぱりしている。

ふかふかだよ！

冬は細かい毛がみっしり生え、ボリュームが出る。

もようも変わる！ニホンジカ

夏は、親も子も茶色に白いはん点のもようがある。オスもメスも同じ。

冬の森の色に、
似てるでしょ。

冬は暗い茶色になり、もようが消える。

まったくちがう色になるエゾユキウサギ

夏は、目立ちにくい茶色。

冬は、体中がまっ白になる。雪のふる地域のノウサギは、ほとんどがこのようになる。

ムササビ

冬ごしする場所 1年中変わらず、低い山の森で活動する

- 分類：げっ歯目 リス科
- 分布：本州・四国・九州
- 環境：低い山の森
- 体長：27〜49cm

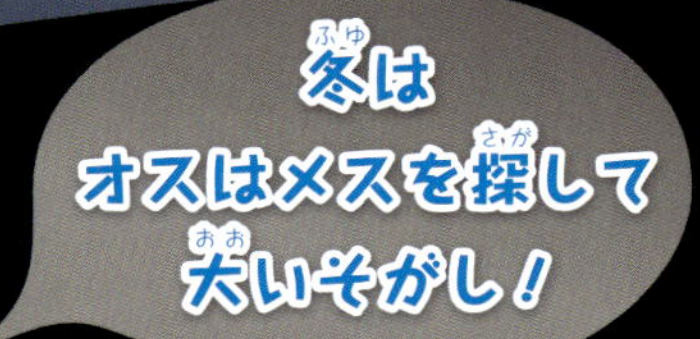

冬は
オスはメスを探して
大いそがし！

大きな木のうろや建物の屋根裏などにすみ、夜のあいだしか行動しません。前あしと後ろあしのあいだに膜があり、木の高いところからグライダーのように飛び、木から木へと移動しながら食べ物を探します。

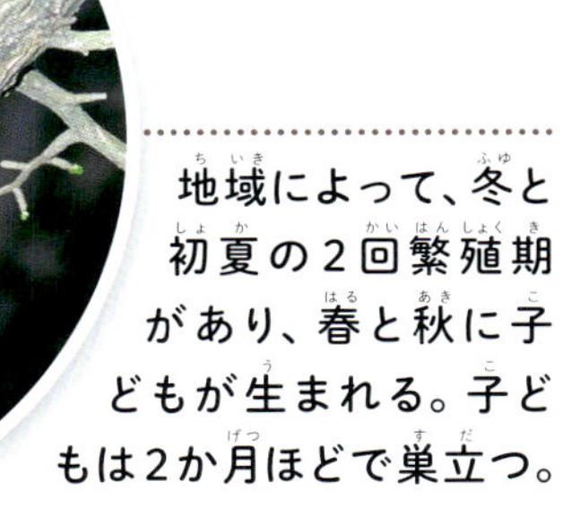

地域によって、冬と初夏の2回繁殖期があり、春と秋に子どもが生まれる。子どもは2か月ほどで巣立つ。

木の葉やドングリ、果実や昆虫などを食べる。葉っぱは二つ折りにして真ん中を食べる習性がある。

	4月	5月	6月	7月	8月	9月	10月	11月	12月	1月	2月	3月
1年め									交尾	交尾		
2年め	出産	出産	交尾	交尾		出産	出産		交尾	交尾		

※繁殖期の回数は地域によってことなり、年1回の場合もある。

ニホンアマガエル

冬ごしする場所 主に土の中

- 分類：無尾目 アマガエル科
- 分布：日本全国
- 環境：水辺や草地、平地や低い山の森林
- 体長：2.5〜4cm

日中の気温が
10度を切るころに、冬眠するよ。
冬眠して、むだなエネルギーを使わず、
食べ物のない冬を乗り切るんだ。

すべての指にきゅうばんがあり、まっすぐに立ったガラスにもとまることができます。ふだん緑色ですが、暗いところではは い色になるなど、まわりの明るさなどによって体の色が変わります。

ライフサイクルカレンダー

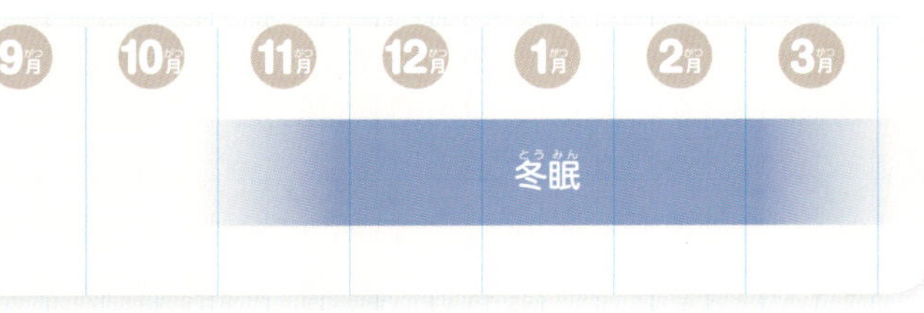

4月	5月	6月	7月	8月	9月	10月	11月	12月	1月	2月	3月
交尾		産卵					冬眠				

※春から夏にかけて交尾と産卵をくり返す。

ニホンアマガエルの1年

オスはメスのせなかに乗り、前あしでしっかりとメスのおなかをかかえる。メスがたくさんの卵を水草の根元などに産みつける。

春

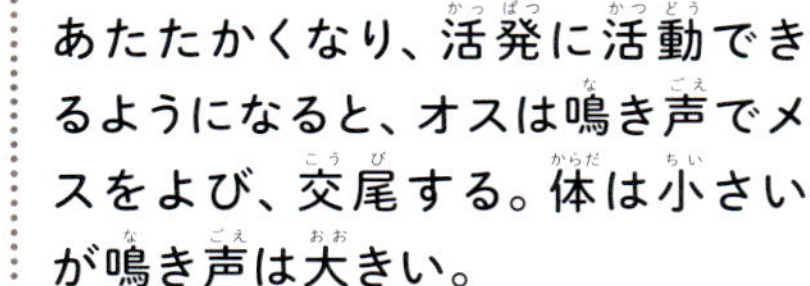

あたたかくなり、活発に活動できるようになると、オスは鳴き声でメスをよび、交尾する。体は小さいが鳴き声は大きい。

オタマジャクシは卵からふ化するとすぐに泳ぎだし、水中の水草や小さな虫などを食べて成長する。前あしと後ろあしは、どちらが先にはえてくる？ 写真をよく見てみよう。

夏

あしがはえ、成長していくにつれて尾は短くなり、やがてなくなる。生活の場所が水中から陸へと変わり、新たなくらしが始まる。

秋

春から秋にかけて、虫などを食べてどんどん成長する。栄養を十分にたくわえられてはじめて、冬の長いあいだ、じっとねむることができる。

体は凍らないの？

凍りつくような水の中や土の中で冬眠するカエルは、どうして凍らないですむのでしょうか？ 実は水中や土の下は、あるていど深くなると外の気温より少しあたたかく、カエルはちょうどその深さで冬眠するので、凍らないのです。ほかにも、体をゆっくり冷やしていくことで、体の中の水分が0度より低くなっても凍らない「過冷却」というしくみも働いています。

カエルの仲間の冬ごし

日本には40種類以上のカエルがくらしていて、冬ごしの方法や繁殖の時期もそれぞれです。どのようにちがうのか、見てみましょう。

冬に産卵 ヤマアカガエル

ヤマアカガエルは土の中などで冬眠をしますが、まだ雪がとけきらない早春に、一度冬眠から目覚めて産卵します。産卵が終わるとまた冬眠しますが、地域によっては春がやってきてから産卵する場合もあります。

おもに夜、田んぼや池などで、一度に1,000個から1,900個もの卵を産む。メスの体はオスの体よりも大きい。

ぶよぶよの体になる ナガレタゴガエル

ナガレタゴガエルの冬眠は秋から始まり、水の中で冬眠や産卵をします。これに合わせ、皮ふがのびて大きくなり、体中にぶよぶよとしたひだができます。皮ふの面積が広がることで、水中での皮ふ呼吸がよりよく行われるようになります。

オタマジャクシはおなかに栄養をたくわえて生まれ、しばらくのあいだ、それで栄養をまかなうことができる。

11～12月にラブコール オキナワイシカワガエル

オキナワイシカワガエルは沖縄県の山の中に生息し、体の大きさは11cmほどで、鳴き声が笛の音のようなので、日本一美しいカエルと言われています。成体は冬眠はせず、11～4月に森林の奥深くにある沢に集まり、産卵します。沖縄県の天然記念物に指定されています。

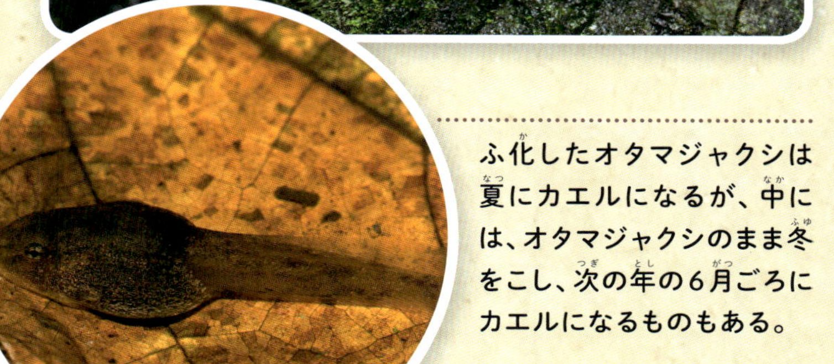

ふ化したオタマジャクシは夏にカエルになるが、中には、オタマジャクシのまま冬をこし、次の年の6月ごろにカエルになるものもある。

冬眠後もあなでのんびり アズマヒキガエル

アズマヒキガエルは2月ごろから、一度冬眠から目覚めて産卵します。産卵が終わるとふたたびねむりますが、雨の日や夜に外に出て食べ物をとるほかは、ほとんどあなの中でねています。夏の暑い時期は、あなの中で過ごすことが多く、1年で100時間しか動かなかったという記録もあります。

あなの中でねむるアズマヒキガエル。後ろあしで土をほり、後退しながらあなに入る。

カスミサンショウウオ

冬ごしする場所 しめった土の中

- 分類：有尾目 サンショウウオ科
- 分布：岐阜県以西の本州西部・四国北東部・九州北西部
- 環境：低地から丘の水田や湿地、山地など
- 全長：7～13cm

土の中で冬眠するけど、
冬のあいだもときどき起きて、
繁殖活動をするんだ。

地域によって体の大きさやもようなどの特ちょうがことなり、ちがう種類の可能性もあり、まだなぞが多い生き物です。

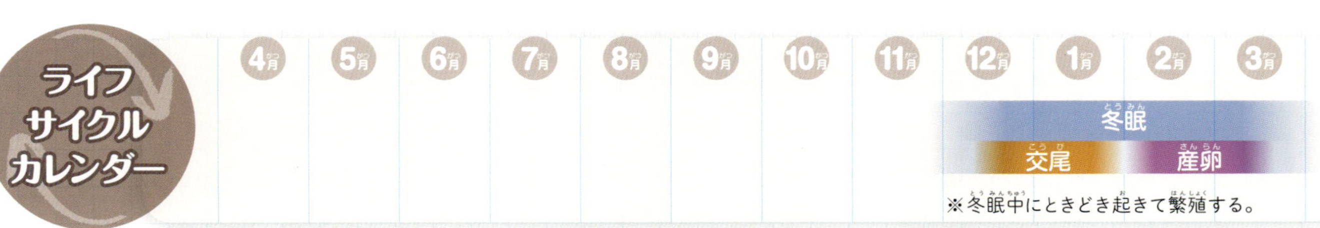

※地域によってはオタマジャクシで越冬し、翌年の春上陸する。成体になるまで1年以上かかる。

カスミサンショウウオの1年

春

オタマジャクシは卵の中であるていど大きくなり、ぐるぐると動き出す。3週間ほどでふ化するが、ほかの野生動物に食べられてしまう卵も多い。

田んぼや湿地の流木や水草に、バナナやコイルのような形をした「卵のう」を産みつける。中には50〜140個ほどの卵がある。

オタマジャクシは、エラがはっきりとしているのが特ちょう。およそ4か月でエラがなくなる。

秋

エラがなくなると、地上で活動するようになる。おもにミミズや小さなクモなどを食べ、すずしくて水のきれいなところを好む。

イモリも水から上がるよ！

イモリやサンショウウオの仲間は、ずっと水の中にいると思われていることがあります。しかし多くのサンショウウオは、産卵をするほかは、水から上がって岩の下などにかくれていることが多く、イモリも雨の日や夜になると積極的に水から上がり、食べ物を探したり移動したりしています。

ニホンイシガメ

冬ごしする場所　川や池などの、水中にほったあなの中

- 分類：カメ目 イシガメ科
- 分布：関東甲信越地方より西の本州、四国、九州とその周辺の島々
- 環境：水のきれいな川や池
- 甲長（甲らの長さ）：10～20cm

呼吸もへって、ほとんど動かないよ。水底では、こうらの色やもようが目立ちにくいから、安全なんだ。

水のきれいな川や池にすみ、木の実や昆虫を食べるために水から上がることもあります。川と陸地を行き来できる岸が少なくなり、すむ場所がへっています。

ライフサイクルカレンダー

	4月	5月	6月	7月	8月	9月	10月	11月	12月	1月	2月	3月
1年め							交尾			冬眠		
2年め	交尾			産卵			交尾			冬眠		

※イシガメは春と秋に交尾するが、産卵は夏の1回のみ。

ニホンイシガメのくらし

朝になると岸へ上がり、太陽の光で体をあたためる。水中にいることが多いため、1日に何度も日光浴をして、体をあたためてから活動を始める。

産卵は夏で、多くて2回。後ろあしでけって地面にあなをほり、4〜10個ほどの卵を産む。産み終えるとあなをしっかりうめて、テンやアライグマなどの天敵から卵を守る。

夏のうちに、子ガメはあなから出てきてそのまま川へ入り、大人と同じくらしを始める。ふ化したばかりの子ガメのおなかには、卵の中で栄養を吸収していたあとがあり、へその緒のように見える。

クサガメとイシガメ

ニホンイシガメは漢字で「日本石亀」と書き、その名の通り日本にしかいない石のような色のカメです。一方、日本などに生息するクサガメは、実は「臭亀」と書きます。クサガメは、天敵につかまるとあしのつけ根から変わったにおいを出すことが知られており、このことから「臭亀」という名前がつきました。

シマヘビ

冬ごしする場所 土のあなの中、たおれた木の下など。排水のみぞなど、人工物のすきまを使うこともある

とぐろを巻いて
体をできるだけ小さくして、
きびしい寒さを
乗りこえるんだ。

- 分類：有鱗目 ナミヘビ科
- 分布：北海道から九州までとその周辺の島々
- 環境：畑や草地、河川敷から森林まで、はば広い環境にすむ
- 全長：80〜150cm

シマヘビは日本でよく見られ、地面の上をすばやく動きます。毒はありませんが、性格は荒く、よく噛みつきます。

ライフサイクルカレンダー

4月	5月	6月	7月	8月	9月	10月	11月	12月	1月	2月	3月
交尾			産卵				冬眠				

※成体になるまで2年ほどかかる。

シマヘビのくらし

早ければ夏ごろにふ化する。シマヘビの子どもは、大人とちがいアズキのような赤茶色をしていることから、アズキヘビとも呼ばれる。ふ化した瞬間から、たった1匹でのくらしが始まる。

初夏、卵を4～16個ほど産み、メスはしばらくのあいだ、卵を守るといわれる。日本には卵を守るヘビはシマヘビ以外になく、そんなメスを発見したときは、はなれたところからそっと観察してみよう。

ネズミや小さなほ乳類などを食べる。カエルは大好物の一つ。シマヘビは木登りも得意で、産卵のため木に登ったモリアオガエルを食べることもある。

どうしてとぐろを巻くの？

シマヘビにかぎらず、ヘビはとぐろを巻きます。いったいなぜでしょうか。ヘビはせまいところが好きで、せまいあなやすきまにかくれています。体に壁や物があたっていると、ヘビは安心できるようです。かくれ場所となるすきまがないようなところでは、とぐろを巻いて、できるだけ体を小さくすることで、落ち着けるようにしているのです。

ニホンカナヘビ

冬ごしする場所 土の中や、たおれた木の下など

分類：有鱗目 カナヘビ科
分布：日本全国
環境：平地や低い山の草地
全長：16～25cm

ニホンカナヘビは、公園や家の庭などで見られるとても身近なトカゲの仲間です。カラスやヘビやイタチなど天敵も多く、冬眠までたどり着けないものも多く見られます。

寒さや敵にやられないように、体を丸くして冬眠するよ。

ニホンカナヘビの1年

春

交尾、産卵は3～7月（地域によって時期はことなる）。産卵後、数十日ほどでふ化する。草の根元や石の下に身をかくす。

夏

バッタやクモなどの小さな昆虫を食べ、成長する。活動を始める前には日当りのよい場所で体をあたため、すばやく動けるようにする。

ライフサイクルカレンダー

3月	4月	5月	6月	7月	8月	9月	10月	11月	12月	1月	2月
交尾	交尾	交尾	交尾								
	産卵	産卵	産卵	産卵	産卵	産卵					
								冬眠	冬眠	冬眠	冬眠

さくいん

参考にした本

『ほ乳類は野生動物のスーパースター』(少年写真新聞社)
『自然図鑑 動物・植物を知るために』(福音館書店)
『日本の生きもの図鑑』(講談社)
『まるごと日本の生きもの』(学習研究社)
『身近な両生類・はちゅう類観察ガイド』(文一総合出版)
『どんな生きもの? はちゅう類・両生類1』(偕成社)

監修／今泉忠明（いまいずみ ただあき）
動物学者。東京水産大学（現・東京海洋大学）卒業後、
国際生物計画（IBP）調査、イリオモテヤマネコの生態調査などに参加。
哺乳類を主とする分類学、生態学が専門。

編集／清水洋美
執筆／清水洋美（P.2～19） 田辺暢哉（P.20～30）
写真／関慎太郎 中川雄三 福田幸広
amanaimages PPS通信社 Photolibrary PIXTA
絵／林 四郎（画工舎）
表紙・本文デザイン・DTP／國末孝弘（blitz）

探して発見！ 観察しよう
生き物たちの冬ごし図鑑 動物

2017年7月 初版第一刷発行

発行者 小安宏幸
発行所 株式会社 汐文社
〒102-0071 東京都千代田区富士見1-6-1
TEL 03-6862-5200 FAX 03-6862-5202
http://www.choubunsha.com
印刷・製本 株式会社廣済堂

ISBN978-4-8113-2367-1
乱丁・落丁本はお取り替えいたします。
ご意見・ご感想はread@choubunsha.comまでお寄せください。